BEI GRIN MACHT SICH IHR WISSEN BEZAHLT

- Wir veröffentlichen Ihre Hausarbeit,
  Bachelor- und Masterarbeit

- Ihr eigenes eBook und Buch -
  weltweit in allen wichtigen Shops

- Verdienen Sie an jedem Verkauf

Jetzt bei www.GRIN.com hochladen und kostenlos publizieren

Helena Eckert

Handlungsorientierter Mathematikunterricht

GRIN Verlag

Bibliografische Information der Deutschen Nationalbibliothek:

Die Deutsche Bibliothek verzeichnet diese Publikation in der Deutschen National-
bibliografie; detaillierte bibliografische Daten sind im Internet über http://dnb.d-
nb.de/ abrufbar.

Dieses Werk sowie alle darin enthaltenen einzelnen Beiträge und Abbildungen
sind urheberrechtlich geschützt. Jede Verwertung, die nicht ausdrücklich vom
Urheberrechtsschutz zugelassen ist, bedarf der vorherigen Zustimmung des Verla-
ges. Das gilt insbesondere für Vervielfältigungen, Bearbeitungen, Übersetzungen,
Mikroverfilmungen, Auswertungen durch Datenbanken und für die Einspeicherung
und Verarbeitung in elektronische Systeme. Alle Rechte, auch die des auszugsweisen
Nachdrucks, der fotomechanischen Wiedergabe (einschließlich Mikrokopie) sowie
der Auswertung durch Datenbanken oder ähnliche Einrichtungen, vorbehalten.

Impressum:

Copyright © 2005 GRIN Verlag GmbH
Druck und Bindung: Books on Demand GmbH, Norderstedt Germany
ISBN: 978-3-640-10157-3

Dieses Buch bei GRIN:

http://www.grin.com/de/e-book/62917/handlungsorientierter-mathematikunterricht

GRIN - Your knowledge has value

Der GRIN Verlag publiziert seit 1998 wissenschaftliche Arbeiten von Studenten, Hochschullehrern und anderen Akademikern als eBook und gedrucktes Buch. Die Verlagswebsite www.grin.com ist die ideale Plattform zur Veröffentlichung von Hausarbeiten, Abschlussarbeiten, wissenschaftlichen Aufsätzen, Dissertationen und Fachbüchern.

Besuchen Sie uns im Internet:

http://www.grin.com/

http://www.facebook.com/grincom

http://www.twitter.com/grin_com

Pädagogische Hochschule

Handlungsorientierter Mathematikunterricht

Inhaltsverzeichnis

1. Einleitung

Meine Hausarbeit hat den „Handlungsorientierten Mathematikunterricht" zum Thema.
Beginnen werde ich mit einem kurzen Überblick über das historische Umfeld und werde dabei auf Johann Amos COMENIUS, Johann Heinrich PESTALOZZI, Jean Jacques ROUSSEAU und einige Vertreter der Reformpädagogik eingehen. Anschließend versuche ich, den Begriff des Handlungsorientierten Unterrichts zu klären.
Danach komme ich auf die sieben Merkmale des Handlungsorientierten Unterrichts zu sprechen, um von diesen ausgehend zu den Argumenten für einen Handlungsorientierten Unterricht zu gelangen.
Folgen wird das Thema „Planung eines Handlungsorientierten Unterrichts".
Weiterhin thematisiere ich die Bewertung im Handlungsorientierten Unterricht und gehe dabei auf Pro und Kontra einer Ziffernzensur und Chancen und Grenzen einer ziffernlosen Zensur ein.
Abschließend folgt eine Betrachtung von Vor- und Nachteilen des Handlungsorientierten Unterrichts.
Das Thema „Handlungsorientierter Unterricht" reizt mich, weil es für mich wichtig ist, in meiner angehenden Rolle als Lehrkraft über neuere didaktische Ansätze Bescheid zu wissen. Zudem bin ich überzeugt davon, dass es sich lohnt, Ansätze des Handlungsorientierten Unterrichts mit in meine zukünftige Schulpraxis zu übernehmen.

2. Handlungsorientierter Unterricht – Was ist das?

> *„Erzähle mir – und ich vergesse,*
> *Zeige mir – und ich erinnere,*
> *Lass es mich tun - und ich verstehe."*
>
> **(Konfuzius)**

Die lange Tradition des Handlungsorientierten Unterrichts reicht von den Klassikern der Pädagogik wie Johann Amos COMENIUS, Johann Heinrich PESTALOZZI und Jean Jacques ROUSSEAU über die Industrieschulen des 18. Jahrhunderts bis zur Reformpädagogik zurück.
Zum ersten Mal verwendete Johann Amos COMENIUS den Begriff der Handlungsorientierung. Er war der Meinung, man müsse sich von einer elitären Bildung verabschieden. Menschen aller sozialen Schichten und Begabungen sollten mit allen Sinnen alles lernen dürfen.
Jean Jacques ROUSSEAU stützt sich später auf Comenius' Prinzip des ganzheitlichen Lernens, wenn er vom ganzheitlichen Bildungsideal spricht.
Johann Heinrich PESTALOZZI plädierte für ein Lernen mit *„Kopf, Herz und Hand"*.
Bedeutende Vorläufer des Handlungsorientierten Unterrichts stammen auch aus der Reformpädagogik. Zu nennen sind hier Maria MONTESSORI, Célestin FREINET, Georg Michael KERSCHENSTEINER und Peter PETERSON.
Maria MONTESSORI hat das Konzept des ganzheitlichen und schüleraktiven Lernens entwickelt. Die Schüler/innen bekommen ein nach ihren Bedürfnissen ausgerichtetes Mobiliar und von ihr entwickelte Materialien.
Célestin FREINET hat die Freinet-Pädagogik entwickelt. Bedeutende Aspekte seines Konzepts sind: ein kooperatives Verhältnis zwischen Lehrer und Schüler/innen, die Einbeziehung der Umwelt in den Unterricht, die Unterrichtsarbeit als Mittelpunkt und die demokratische Entscheidungsfindung in der Klasse.
Peter PETERSON hat den Jena-Plan entwickelt. Die Schüler/innen sind bei ihm an der Unterrichtsplanung beteiligt, geben sich gegenseitig Hilfe, er verknüpft Klasse-, Gruppen- und Einzelarbeit und fördert die Gemeinschaft.

Die lange Tradition des Handlungsorientierten Unterrichts macht deutlich, dass sich das bis heute diskutierte Konzept des Handlungsorientierten Unterrichts auf wichtige Vorläufer bezieht. Diese sind jedoch von sehr unterschiedlichen Idealen ausgegangen und zu ganz unterschiedlichen Ergebnissen gekommen
.

Handlungsorientierter Unterricht ist nach Hilbert MEYER ein Unterrichtskonzept, welches die Schülerhandlungen in den Mittelpunkt der Unterrichtsarbeit stellt. Öfters als bisher sollen die Lehrer gemeinsam mit den Schüler/innen etwas tun, das Hand und Fuß besitzt. Den Ausgangspunkt des Lernprozesses bilden die materiellen Tätigkeiten der Schüler/innen. Handlungsprodukte sollen als anschauliche Ergebnisse des Lern- und Arbeitsprozesses hergestellt werden.

Hilbert MEYER definiert Handlungsorientierten Unterricht als *„ganzheitlicher und schüleraktiver Unterricht, in dem die zwischen dem Lehrer und den Schülern vereinbarten*

Handlungsprodukte die Organisation des Unterrichtsprozesses leiten, so dass Kopf- und Handarbeit der Schüler in ein ausgewogenes Verhältnis zueinander gebracht werden können. "[1]

Das Welt- und Menschenbild des Handlungsorientierten Unterrichts lässt sich mit folgenden fünf Sätzen umschreiben:

1. Handlungsorientierter Unterricht setzt voraus, dass die Menschen *zur Vernunft und Freiheit, aber auch zur Selbstzerstörung* befähigt sind.
2. Handlungsorientierter Unterricht sagt, dass das Lernen generell *ganzheitlich,* d.h. mit allen Sinnen geschieht.
3. Handlungsorientierter Unterricht geht davon aus, dass Kinder und Jugendliche von Natur aus *neugierig sind, dass sie fragen und staunen können, dass sie ihre Umwelt erfahren und experimentierend erproben wollen.*
4. Handlungsorientierter Unterricht weiß, dass niemand, weder die Lehrer, noch die Schüler perfekte Menschen sind, sondern durchaus auch *Fehler machen und versagen, dass sie aber aus Fehlern lernen können.*
5. Handlungsorientierter Unterricht beachtet, dass ein *nicht-entfremdetes Leben und Lernen* im Unterricht nur teilweise und widerspruchsvoll durchführbar ist. [2]

Nach Hilbert MEYER sollte der Unterricht möglichst oft zu Ergebnissen kommen, die man präsentieren, mit denen man spielen und weiterarbeiten kann, die jetzt und auch in der Zukunft noch für die Schüler/innen Gebrauchswert haben. Die Schüler/innen können durch Handeln und während des Handelns vieles lernen. Der Unterricht wird für die Schüler/innen und für die Lehrer wieder interessanter und offener, ab und zu auch risikoreicher als der gewohnte Alltagstrott, in dem die Schüler/innen wegen der völligen Vertrautheit der inszenierten Handlungsmuster meist schon vor Stundenbeginn wissen, was bis zum Stundenende passieren wird. Dieses Konzept nennt Hilbert MEYER „handlungsorientiert".

Für Herbert GUDJONS ist der Handlungsorientierte Unterricht kein didaktisches Modell, sondern vielmehr eine Unterrichtsprinzip, das sich durch gewisse Eigenschaften auszeichnet, theoretisch begründet wird und in zahlreichen Unterrichtszusammenhängen verwirklicht wird.

---

[1] www.wikipedia.org/wiki/Hilbert_Meyer
[2] Jank, Werner / Meyer, Hilbert: Didaktische Modelle. 7. Auflage, Berlin 20000. S.355

4

3. Merkmale eines Handlungsorientierten Unterrichts

Handlungsorientierter Unterricht beinhaltet nach Werner JANK und Hilbert MEYER folgende sieben Merkmale, die es zu berücksichtigen gilt.

1. Handlungsorientierter Unterricht ist *ganzheitlich* mit folgenden Aspekten:

   personaler Aspekt: Die Schüler/innen sollen ganzheitlich angesprochen werden, d.h. mit dem Kopf, dem Herzen, den Händen und weiteren Sinnen.

   inhaltlicher Aspekt: Die Unterrichtsthemen werden nicht nach fachwissenschaftlichen Vorgaben ausgesucht, sondern aufgrund der Problematik, die sich aus den angestrebten Handlungsprodukten ergibt.

   methodischer Aspekt: Die Methoden, die im Unterricht angewendet werden, müssen ganzheitlich sein. Solche Methoden wären z.B. Gruppen- und Partnerarbeit, Projektarbeit, Experimente, u.a.

2. Handlungsorientierter Unterricht ist *schüleraktiv*. Der Lehrer soll den Schüler/innen wenig vormachen und –sagen und sie viel allein erforschen, probieren, erschließen, planen und verwerfen lassen. Die Schüler/inne müssen selbst tätig sein, um selbständig zu werden.

3. Das *Herstellen von Handlungsprodukten* steht beim Handlungsorientierten Unterricht im Vordergrund. Die Schüler/innen können sich mit diesen identifizieren, sie können sie aber ebenso auswerten und kritisieren.

4. Handlungsorientierter Unterricht soll die *Schüler/inneninteressen zum Ausgangspunkt* des Unterrichts machen. Er ermöglicht den Schüler/innen Freiräume, in denen sie sich im handelnden Umgang mit dem neuen Thema ihrer subjektiven Interessen bewusst werden können.

5. Handlungsorientierter Unterricht *beteiligt die Schüler/innen* an der Planung, Durchführung und Auswertung des Unterrichts. Der Lehrer kann sich nicht mehr auf die Richtlinien und Schulbuchinhalte beschränken, sondern muss einen Diskurs mit seinen Schüler/innen starten.

6. Handlungsorientierter Unterricht führt zur *Öffnung der Schule*:

   Öffnung nach innen: Der Lehrer und seine Schüler/innen gehen aufeinander zu, Lernwege werden vom Lehrer individuell gefördert, fächerübergreifender Unterricht wird ausgeweitet, das allgemeine Schulleben wird weiterentwickelt.

   Öffnung nach außen: Die Schüler/innen verlassen die Schule, um auch in ihrer Umwelt alles erfahren zu können, was sie für ihr Handlungsprodukt wissen müssen. Experten und Eltern kommen in die Schulen, um dort Fragen zu beantworten und konstruktive Kritik an den Handlungsprodukten zu üben.

7. Handlungsorientierter Unterricht soll *Kopf- und Handarbeit in ein ausgewogenes Verhältnis* bringen. Der ganze Lernprozess der Schüler/innen wird von einer dynamischen Wechselbeziehung zwischen Kopf- und Handarbeit begleitet. [3]

---

[3] ebd. S.355 ff.

4. Argumente für einen Handlungsorientierten Unterricht

4.1 Das Leben in der Risikogesellschaft

Die Lebens- und Berufsperspektiven werden unübersichtlicher. Traditionelle Normen und Werte verlieren immer mehr an Bedeutung. Die heranwachsende Generation muss mit einer zunehmenden Vereinzelung zu Recht kommen. Die Bedingungen des Aufwachsens von Kindern haben sich in den letzten Jahren und Jahrzehnten grundlegend verändert. Eine der markantesten Veränderungen ist wohl die Ablösung der Großfamilie durch die Einelternfamilie. Es haben sich neue Formen des Zusammenlebens etabliert: allein erziehende Mütter oder Väter, Patchwork-Familien, u.a. Die Erwerbstätigkeit der Mütter steigt. Fast 90 % der Kinder besuchen den Kindergarten als Angebot der Elementarerziehung.
Diese veränderten Bedingungen der familialen Sozialisation zeigen sich nach außen in Phänomenen wie

- **Verhäuslichung** – Die Kinder spielen drinnen statt draußen
- **Verinselung** – Erkundungen außerhalb der Wohnung werden schwieriger
- **Verplantheit des Alltags bis hin zum Alltagsstress** (z.B. Mitgliedschaft in Vereinen, Jugendgruppen, u.a.)

Die Kinder und Jugendlichen wachsen in einer Konsum- und Überflussgesellschaft auf: Das Konsumieren gilt heute als selbstverständlich.
Die Selbsttätigkeit der jungen Menschen nimmt kontinuierlich ab. Die Medienorientierung der Kinder wächst und bedingt, dass sie zunehmend Erfahrungen aus „zweiter Hand" erwerben. Die Kinder erleben Dinge nicht mehr selbst in der Wirklichkeit, sondern mehr und mehr durch das Fernsehen, den Computer, u.a. Hier wird ihnen eine unendliche Fülle von Bildern geliefert. Die Kinder vermögen es nicht, die ankommende Flut der Bilder weiterzuverarbeiten. Zudem *„erzeugt* [das Bildmaterial] *eine Vorstellung davon, wie die Welt sei, wie Menschen miteinander umgehen, usw."* [4] Die zunehmende Medienorientierung der Kinder können weitreichende Folgen haben. Beobachtet werden Vereinsamung, Isolierung und Kontaktverlust, Desorientierung, Neigung zur Gewalt, eine gewisse soziale Taubheit und Ich-Betontheit, fehlende Frustrationstoleranz, u.a.
Die Anzahl der verhaltensauffälligen Kinder und Jugendlichen steigt. Aggressivität und Gewalttätigkeit prägen den Schulalltag. Auch *leise Störungen*, wie z.B. wachsende Unlust, Schule schwänzen, u.a. werden von den Lehrern beklagt.

4.2 Das Langeweile - Syndrom

Neben dem Aufwachsen in einer „Risikogesellschaft", wie Werner JANK und Hilbert MEYER die veränderten Lebensumstände der Kinder nennen, stellt die Langeweile für die Schüler/innen ein Problem dar.
Fragt man die Schüler/innen, was sie am Unterricht am meisten stört, so bekommt man häufig die Antwort *„der Unterricht sei zu langweilig."* [5] Die Lehrer hingegen stöhnen selten über Langeweile im Unterricht, sondern eher über Unruhe und Störungen. Werner JANK und Hilbert

---

[4] Gudjons, Herbert: Handlungsorinetiert lehren und lernen – Schüleraktivierung, Selbsttätigkeit, Projektarbeit. 4. Auflage, Bad Heilbrunn/Obb 1994. S. 15
[5] Jank, Werner / Meyer, Hilbert: Didaktische Modelle. 7.Auflage, Berlin 2000. S. 339

MEYER bezeichnen die Differenz zwischen der persönlichen Sicht von Lehrern und Schülern als „Langeweile-Syndrom" und begründen sie wie folgt:

- Der traditionelle Unterricht wird aus organisatorischen Gründen größtenteils lehrerzentriert gehalten.
- Neben dem Frontalunterricht und dem Lehrervortrag ist die am häufigsten verwendete Methode das gelenkte Unterrichtsgespräch.
- Die Folge ist eine *„Verkopfung, d.h. eine überwiegend sprachlich vermittelte und sachlogisch strukturierte Gestaltung der Unterrichtsinhalte".* [6]
- Diese Verkopfung bringt oft eine Gleichgültigkeit der Schüler/innen gegenüber den Unterrichtsinhalten mit sich. Die Schüler/innen beginnen, sich mit zahlreichen Nebentätigkeiten zu beschäftigen: sie dösen oder schauen aus dem Fenster, sie schreiben sich Briefe oder spielen Spiele unter der Bank, sie reden mit ihrem Nachbarn, u.a.
  Die Langeweile wird durch Malen, Lesen, Witze erzählen, u.a. bekämpft.
- Wegen dieser Gleichgültigkeit sehen sich die Lehrer gezwungen, ihren Unterricht durchzuziehen, und das bedeutet, diesen noch lehrerzentrierter zu planen.

Nach Herbert GUDJONS steigt das Interesse der Schüler, wenn sie *etwas demontieren, herstellen, untersuchen, ausprobieren, usw. können, wo sie unter Einbeziehung möglichst vieler Sinne » hantieren «* [können]. *Nachweislich ist bereits diese Aktivierung und Motivation eine günstige Bedingung für das langfristige Behalten der damit verbundenen Inhalte".*
Laut Herbert GUDJONS weist *„die Anfangsphase handlungsorientierter Lernprozesse bedeutende Motivierungselemente"* auf. *„ Aus dem entdeckenden Lernen ist bekannt, wie stark die Entwicklung von Neugier motivierend wirkt. Ein Konflikt in der Anfangsphase startet eine Suchbewegung; dies kann geschehen durch » Überraschung «* [...], *» Zweifel «* [...], *» Verwirrung «* [...], *» Verblüffung «* [...] *oder » Widerspruch «* [...]". [7]

Die genannten Untersuchungen zum „Langeweile-Syndrom" und zu den motivationspsychologischen Aspekten nach Herbert GUDJONS zeigen, dass durch den Handlungsorientierten Unterricht dem Motivationsproblem entgegengewirkt werden kann.

---

[6] ebd. S. 339
[7] Gudjons, Herbert: Handlungsorientierte lehren und lernen – Schüleraktivierung, Selbsttätigkeit, Projektarbeit. 4.Auflage, Bad Heilbrunn/Obb 1994. S. 54

5. Planung eines Handlungsorientierten Unterrichts

Handlungsorientierter Unterricht muss von den Lehrern sorgfältig geplant und vorbereitet werden.

Der Lehrer entscheidet sich für ein vorläufiges **Unterrichtsthema**.

---

1. Vorbereitungsphase

Hilbert MEYER unterscheidet hier zwei verschiedene Stränge:

- den Lehrerstrang, in dem die Fach-, Curricular- und Organisationsvorgaben geklärt werden und
- den Schülerstrang, in dem die Lernvoraussetzungen und Interessen der Schüler/innen formuliert werden.

---

2. Einstiegsphase

In der Einstiegsphase muss der Lehrer das Interesse am Unterrichtsthema wecken, Vorwissen aktivieren und Planungsabsprachen treffen.

Der Lehrer organisiert einen **Einstieg**,

- der bei den Schüler/innen Interesse am Unterrichtsthema weckt,
- der die gemachten Erfahrungen der Schüler/innen berücksichtigt,
- der handlungsorientiert ist,
- der in die wesentlichen Aspekte des Unterrichtsthemas einführt und
- die Schüler/innen methodische Zugriffsweisen auf das Unterrichtsthema erkennen lässt.

Der Lehrer tritt zusammen mit ihren Schüler/innen eine Entscheidung über **Handlungsergebnisse.**

---

3. Erarbeitungsphase

In der Erarbeitungsphase steht die Herstellung des Handlungsproduktes (z.B. Modell, Experiment, Diagramm, u.a.) im Mittelpunkt.

Der Lehrer und die Schüler/innen arbeiten an ihren Handlungsprodukten und sorgen zunächst für:

- die Planung der einzelnen Arbeitsschritte,
- die Beschaffung und Sichtung des Materials, die Herstellung eigener Medien, u.a.

Der Lehrer und die Schüler/innen führen die einzelnen Arbeitsschritte aus:

- Üben verschiedener Arbeitstechniken, Sach- und Methodenkompetenzen aufbauen und
  erweitern,
- planen, besprechen, Gruppen bilden, experimentieren, modellieren, u.a.
- dokumentieren, protokollieren des Arbeitsprozesses.

4. Auswertungsphase

In der Auswertungsphase werden die Handlungsergebnisse dokumentiert und präsentiert.

Die Handlungsergebnisse werden in der Klasse:

- präsentiert, aufgeführt, erprobt,
- besprochen, kritisiert, gelobt,
- zur Nachbearbeitung an die einzelnen Schüler/innen zurückgegeben.

Die Schüler/innen arbeiten, spielen, handeln mit den Handlungsergebnissen und üben und verfestigen dabei ihre Sach-, Sozial- und Sprachkompetenzen.

Der Lehrer überlegt zusammen mit seinen Schüler/innen, ob bestimmte Handlungsergebnisse veröffentlicht werden. Wenn ja, klären alle zusammen, in welcher Form dies passiert.

9

6. Bewertung und Zensuren im Handlungsorientierten Unterricht

6.1 Vor- und Nachteile einer Ziffernzensur

Das aktuelle Notensystem an deutschen Schulen, das weit verbreitet und dadurch sehr bekannt ist, enthält die Noten 1 – 6. Lehrer, Eltern, Schüler/innen, Chefs, u.a. verstehen die Zeugnisse, die nach diesem System angefertigt wurden. Dieses System der Notengebung bringt einen geringeren zeitlichen Aufwand für die Lehrer mit sich. Fast alle Lehrer „[...] *schätzen* [...] *die Praktikabilität des Notensystems. So lassen sich Einzelnoten mühelos zusammenzählen, das arithmetische Mittelerrechnen und in eine Endnote umsetzen. Bei der Korrektur einer Arbeit bedarf es nicht vieler Worte, sondern nur einer Ziffer.*" [8]

Die Ziffernzensur bringt aber auch einige Nachteile mit sich. So lassen sich ihr nur wenige Informationen entnehmen. Es lässt sich nicht erkennen, wie sich die einzelne Note zusammensetzt. Fähigkeiten und Fertigkeiten der Schüler/innen lassen sich aus der Note nicht ersehen. Die Ziffernzensur sagt nichts über den jeweiligen Lernprozess der Schüler/innen aus und erzeugt im Schüler selbst Überlegenheits- oder Minderwertigkeitsgefühle. Aber gerade für den Handlungsorientierten Unterricht ist die Aussage über die Fähigkeiten, Fertigkeiten und den Lernprozess der Schüler/innen von großer Bedeutung. Ebenso müsste das Gruppen- und Sozialverhalten im Handlungsorientierten Unterricht eine Gewichtung erhalten, weil ein nur gutes Handlungsprodukt noch nichts darüber aussagt, ob die Schüler/innen sich auch in ihrer Gruppe, mit welcher sie zusammen gearbeitet haben, integrieren konnte.
Die Schüler/innen lernen nicht, wie es der Handlungsorientierte Unterricht vorsieht, um neue Erfahrungen zu sammeln und neue Kenntnisse zu erwerben, sondern einzig und allein für die Note.
Herbert GUDJONS hat die These aufgestellt, Ziffernzensuren und Handlungsorientierter Unterricht seien unvereinbar. Wegen der vielen Nachteile kann man diese These bestätigen.

6.2 Möglichkeiten und Grenzen einer ziffernlosen Zensur

Ein Beurteilungsbericht bringt verglichen mit der traditionellen Ziffernzensur viele Vorteile mit sich. Dem Beurteilungsbericht kann man sehr viel mehr Informationen entnehmen als der einfachen Note. Er gibt Auskunft über die Fähigkeiten, Fertigkeiten und persönlichen Lernprozesse der Schüler/innen, über ihr soziales Verhalten und auch über Defizite, die beseitigt werden müssen. Dies verlangt einen erhöhten Zeitaufwand der Lehrer.
Hier lässt sich ein erster Nachteil erkennen: die Lehrer sollten diese Zeit besser für die Unterrichtsvorbereitung nutzen.
Ein Beurteilungsbericht führt dazu, dass das Konkurrenzdenken, das wegen der Noten oft vorkommt, verringert wird. Probleme zeigt ein solcher Beurteilungsbericht dann, wenn die Schüler/innen sich mit diesem für eine Ausbildung u.a. bewerben, da das Verfahren des Beurteilungsberichtes weniger geläufig als ein Notenzeugnis ist. *„Die Abnehmer der Berichte – Personalsachbearbeiter, Ausbildungsleiter oder Lehrherren – sind schnell überfordert, wenn sie aufgrund vorliegender Berichte über die Aufnahme ein Ausbildungsverhältnisses oder über die*

---

[8] Becker, Georg E.: Unterricht auswerten und beurteilen – Handlungsorientierte Didaktik Teil III. 6., völlig neu bearbeitete Auflage, Weinheim/Basel 1998. S.96

Einstellung entscheiden sollen. Ein Vergleich der Bewerber mittels der traditionellen Zensuren und Zeugnisse ist nun nicht mehr möglich, und zu tagelangen Textanalysen fehlt die Zeit." [9]

Den Lehrern dagegen gibt ein solcher Beurteilungsbericht die Möglichkeit, die Schüler/innen nicht mehr übereilt durch eine schnelle Note abzuurteilen, sondern sie beim Lernen zu beobachten, sich nachhaltig mit ihnen zu beschäftigen und zu überlegen, wie man die Schüler/innen beim Lernen unterstützen kann.

„Ein qualifiziert abgefasster Bericht kann [...] die Beziehungen zwischen der Lehrerin und den Schülern positiv beeinflussen." [10]

Der Beurteilungsbericht beseitigt auch den Notendruck und verhindert, dass die Lehrer die Schüler/innen tadeln und bestrafen, in dem sie schlechte Noten vergeben. Es bleiben aber Zweifel, was die ziffernlose Zensur betrifft. Georg BECKER erklärt diese Zweifel:

„Eine überlegte Ziffernzensur kann dem Schüler besser gerecht werden als ein Bericht, der viele fragwürdige Formulierungen enthält. Ein sorgfältig ausgearbeiteter Bericht, den der Schüler voll akzeptiert, weil er sich in ihm wieder findet, kann für ihn hilfreicher sein." [11]

Eine Möglichkeit im Handlungsorientierten Unterricht wäre, die traditionellen Noten zu erteilen, diese aber durch einen kurzen individuellen Beurteilungsbericht zu ergänzen.

---

[9] ebd. S.112
[10] ebd. S. 101
[11] ebd. S. 113

7. Vor- und Nachteile eines Handlungsorientierten Unterrichts

7.1 Vorteile

Der Handlungsorientierte Unterrichtet bietet bei erfolgreicher Vorbereitung und Durchführung viele Vorteile gegenüber dem „traditionellen" Unterricht:

- Die Schüler/innen werden bei der Planung und Durchführung des Unterrichts miteinbezogen. Deshalb können sie sich mit ihm besser identifizieren.
- Voraussetzung für eine funktionierende Verständigung zwischen Lehrer und Schüler/innen über das angestrebte Handlungsprodukt sind Phantasie und Mitarbeit der Schüler/innen. Deshalb „ [...] *übernehmen* [die Schüler/innen] *Verantwortung für den Unterrichtsverlauf. Fremddisziplin des Lehrers kann durch die gesetzte Aufgabe in Selbstdisziplin überführt werden.*" [12]
- Die Präsentation der Arbeitsergebnisse schafft ein Forum für demokratische Kontrolle und Kritik der Unterrichtsarbeit. Dadurch wird verhindert, dass die Ergebnissicherung des Unterrichts ausschließlich auf die Bewertung durch den Lehrer reduziert wird.
- Die Methodenkompetenzen oder auch –defizite der Schüler/innen können ausgebaut oder beseitigt werden.
- Die Lehrer, die schon länger handlungsorientiert unterrichtet haben, behaupten, dass der Stress nachlässt, da die kräftezehrende Disziplinierung der Schüler/innen im Frontalunterricht wegfällt oder zumindest weniger wird.

Der Handlungsorientierte Unterricht ist für alle oft anstrengender und risikoreicher als der „traditionelle" Unterricht – aber auch befriedigender.

7.2 Nachteile

Die Kritik am Konzept des Handlungsorientierten Unterricht geht in zwei verschiedene Richtungen: **Theoriedefizite und Praxisprobleme.**
Die Defizite in der Theorie lassen sich leicht erklären: es gibt bisher keine einheitliche Bildungstheorie, aus der man das Konzept des Handlungsorientierten Unterrichts ableiten könnte.
Die Probleme in der Praxis beruhen größtenteils auf unterrichtspraktischen und organisatorischen Schwierigkeiten, die sich bei der Umsetzung dieses Konzepts ergeben·

- Bei schlechter Vorbereitung schafft Handlungsorientierter Unterricht wegen der Komplexität der Organisationsstruktur Unruhe und Reibungen im Schulalltag.
- Handlungsorientierter Unterricht benötigt oft sehr viele Materialien. Dem herkömmlichen Frontalunterricht genügen Tafel, Kreide und Videogerät.
- Es besteht die Möglichkeit, dass die Schüler/innen im Handlungsorientierten Unterricht motivational überfordert werden – besonders dann, wenn der Einstieg missglückt. Die Schüler/innen können schnell Begeisterung für ein neues Vorhaben zeigen, übersehen dabei aber die möglichen Hindernisse. Bereits kleine Pannen (z.B. defekte Videokamera, u.a.) wirken dann entmutigend.
- Im Handlungsorientierten Unterricht müssen sich die Schüler/innen gründlicher und länger mit einem Themengebiet beschäftigen.
  Dieser zeitliche Mehraufwand zahlt sich oft nicht sofort, sondern erst später aus –

---

[12] Jank, Werner / Meyer, Hilbert: Didaktische Modelle. 7.Auflage, Berlin 2000. S. 368

nämlich dann, wenn die Schüler/innen so viele Methodenkompetenzen erworben haben, dass sie fähig sind, eigenständig weiterzulernen.

- Für die Lehrer ergeben sich oft Motivations- und Zeitprobleme. Viele verzichten daher auf einen Handlungsorientierten Unterricht.

  Lehrer, die sich bereits eingearbeitet haben, weisen darauf hin, dass sich der Arbeitsaufwand nach ein bis zwei Jahren sichtbar reduziert.

- Das Kollegium sollte bei der Umstellung auf Handlungsorientierten Unterricht mitziehen. Dies ist allerdings nicht immer der Fall und kann zusätzliche Probleme hervorrufen.

- Die Schüler/innen, die über einen längeren Zeitraum handlungsorientiert unterrichtet worden sind, bekommen eventuell Probleme bei einem angestrebten Schulwechsel oder wenn sie einen neuen Lehrer bekommen, welcher von diesem Unterrichtsprinzip nichts hält.

Hauptursache dafür, dass der Handlungsorientierte Unterricht (noch) so wenig praktiziert wird, sind zum einen der erhöhte Zeit- und Materialaufwand und zum anderen das Unruherisiko.

8. Fazit

Ich schließe mich zunächst der Aussage Herbert GUDJONS an, der sagte: Handlungsorientierter Unterricht kann nicht das ganze Unterrichtsgeschehen beeinflussen. Als Alternative zum Fachunterricht eingesetzt, sehe ich aber viele Möglichkeiten für den Handlungsorientierten Unterricht, vor allem weil er fächerübergreifend durchführbar ist.

Der Handlungsorientierte Unterricht ermöglicht es den Schüler/innen, interessengeleitet und am wirklichen Leben orientiert zu lernen und dadurch steigt die Motivation, deren Fehlen, neben der veränderten Bedingungen des Aufwachsens, zweifellos ein Problem in der Schule ist.

Trotz allem ist der „traditionellen" Unterricht ein wichtiger Bestandteil, wenn nicht sogar Hauptbestandteil der Schulen. Der Fachunterricht kann aber auch handlungsorientiert durchgeführt werden. Handlungsorientierter Unterricht ist nicht nur auf Fächer wie Kunst oder Musik beschränkt.

Ziel des Handlungsorientierten Unterrichts muss meiner Meinung nach sein, von „verkopften" Inhalten abzukommen und die Schüler/innen zur Aktivität zu motivieren. Alle Möglichkeiten – vom Arbeitsblatt bis zum Experiment – sind geeignet, um die Schüler/innen aktiv in den Lernprozess einzubinden, sie zu „Hauptfiguren" des Unterrichtsgeschehens zu machen.

Schon KONFUZIUS sagte:

„Erzähle mir – und ich vergesse,
Zeige mir – und ich erinnere,
Lass es mich tun - und ich verstehe."

9. Literaturverzeichnis

www.wikipedia.org/wiki/Handlungsorientierter_Unterricht
www.wikipedia.org/wiki/Hilbert_Meyer

Becker, Georg E.: Unterricht auswerten und beurteilen – Handlungsorientierte Didaktik Teil III. 6., völlig neu bearbeitete Auflage, Weinheim/Basel 1998.

Gudjons, Herbert: Handlungsorientiert lehren und lernen – Schüleraktivierung, Selbsttätigkeit, Projektarbeit. 4.Auflage, Bad Heilbrunn/Obb. 1994.

Jank, Werner / Meyer, Hilbert: Didaktische Modelle. 7. Auflage, Berlin 2000.